龍鳳ブックレット

富岡製糸場首長ポール・ブリュナ

フランス式蒸気器械製糸技術の独創的移植者

上條宏之／著

龍鳳書房

表紙写真

富岡製糸場春の首長館

富岡製糸場東置繭所正面

（画像提供　富岡市）

まえがき

　富岡製糸場が、群馬県の絹産業遺産群とともに、二〇一四年六月、世界文化遺産に登録されて七年目をむかえた。その間、富岡製糸場の考察がさまざまにおこなわれ、基礎的な調査もかさねられてきた。富岡製糸場をおとずれる人びとがふえ、観光資源としての富岡製糸場を紹介した書物も、枚挙にいとまがないといってよい。

　しかし、富岡製糸場の創立と初期の経営にたずさわり、五年間首長をつとめたフランス人お雇い外国人ポール・ブリュナが、日本近代製糸業に果たした役割や歴史的評価にかかわる研究には、わたしの見るかぎり、これといった深まりがあったとはおもえない。フランスでのブリュナの生い立ちや受けた教育、晩年のパリ生活での諸事実があきらかになったのに、なぜなのだろうか。

　大きな理由は、ひとつには、養蚕・製糸・生糸・絹織物の創りだす世界が、わたしたちの身近で大切な存在でなくなってひさしいからであろう。カイコも繭も見たことのない人びとが、いまや多数をしめる時代となった。

　もうひとつは、歴史的考察の方法に問題があると考えている。わたしは、近代製糸業の影響が、わたしの住む信濃の近代において、民衆、とりわけ女性の生活を基本的に規定していたと考えてきた。しかも、近代信濃製糸業史は、富岡製糸場の存在がはたした役割を考えないと近代草創期の歴史を解けないと、わたしはみている。もう三五年も前になった一九八六年に、「ポール・ブリュナ　器械製糸技術の独創的移植者」を書き、永原慶二・山口啓二代表編『講座・日本技術の社会史　別巻2　人物篇　近代』(日本評論社)に発表したのも、その故であった。

最近の歴史研究には、基本的史料があるのにそれを活用しない、研究史を多角的にひもとかないといった傾向が強いようにおもう。

この書物の内容は、基本的史料を解読し、研究史に学びながら、三五年前に考察したポール・ブリュナが富岡製糸場のために力を尽した筋道を、現在において可能なかぎり、豊かにしようとたどってみたものである。

この書物は、ポール・ブリュナと富岡製糸場にかかわる基本的筋道を、読みとってもらえる内容をと目論見、叙述したものである。

すこしでもおおくの方がたの目に触れ、誤りがあれば、どんな小さな事実でも指摘していただければ、幸いである。

二〇二一年三月三日

ポール・ブリュナの在日の日々の復元をめざした原稿を書きはじめて

上條宏之

富岡製糸場首長ポール・ブリュナ　目　次

はじめに

明治五（一八七二）年に設立・操業された官営富岡製糸場は、いまも、そのおもな建物群の原型をほぼとどめている。二〇一四（平成二十六）年六月、国連教育科学文化機関（ユネスコ）世界遺産委員会は、「富岡製糸場と絹産業遺産群」（群馬県）を、世界文化遺産に登録することをみとめた。富岡製糸場は、わが国はじめての近代産業遺産の世界文化遺産としてみとめられ、保存がいっそう確かにすすめられている。

門をはいると、正面にレンガ造り、高さ約一四メートル、長さ一〇四メートルの東繭倉庫が偉容を誇る。その中央の吹き抜けのうえには、「明治五年」の刻印がくっきりとかかげられている。繰糸場も、この富岡製糸場創立にお雇い外国人として参画したフランス人ポール・ブリュナ Paul Brunel（一八四〇～一九〇八）の住んだ館も現存している。

明治政府は、明治三（一八七〇）年二月、太政官から、模範製糸場を設立する意図のもと、大蔵・民部両省に諮問した。両省では、万国博覧会にフランスにおもむいた租税正渋沢栄一（一八四〇—一九三一）と駅逓権正杉浦譲（一八三五～七七　渋沢栄一の勧めで明治三年二月二十日〈一八七〇年三月二十一日〉民部省改正掛）を横浜開港場に派遣し、貿易関係のフランス人に調査を依頼した。渋沢・杉浦の報告により、日本の輸出製品の中心であった生糸の製法改革のため、蒸気器械製糸技術の先進国であったフランスからお雇い外国人を招いて、一大模範製糸場を起こす計画に取組んだ（高橋善七『初代駅逓正杉浦譲　ある幕臣からみた明治維新』日本放送出版協会　一九七四年。一六三頁）。

日本のかずすくない輸出工業製品である生糸の質を高め、アメリカ合衆国をはじめとする米欧の絹織物原料として、いっそう輸出額を増大させ、外貨を獲得するためであった。明治三年春から、大蔵少輔伊藤博文、大蔵少丞渋沢栄一、地理兼駅逓権正杉浦譲らとフランス人ジ・ブスケとのあいだで協議し、ポール・ブリュナを雇い入れる話となった。

明治三年六月、民部省は日本貿易の輸出商品でメインであった生糸製造を良質の器械製糸に替えるため、オランダ八番館主を通してブリュナをお雇い外国人とする仮条約をむすんだ。ブリュナは、官営模範製糸場の設置場所をさがし、富岡を適地ときめたのち、民部省は同年閏十月七日（一八七〇年十一月二十九日）に、ブリュナと正式に契約をとりかわした。

富岡製糸場は、フランス式蒸気器械製糸場—動力・煮繭ともにボイラーを活用—として設立・運営される予定となった。製糸場の設計図は、フランス人製図工バスチャン Edmond Auguste Bastien によって引かれた。バスチャン（前任シエルブール造船所船工、慶應元年十二月三日横須賀製鉄所雇入、月給七五弗）は、慶応二（一八六六）年十二月三日にフランスマルセーユ港を出港し、一月二十六日に横浜に到着。二月四日から横須賀製鉄所敷地の測量工事に着手し、まず横須賀製鉄所の設計にあたった（富岡製糸場誌編さん委員会編『富岡製糸場誌　上』富岡市教育委員会　一九七七年。以下『富岡製糸場誌　上』と略す。「資料

四八　富岡製糸所とバスチャン」二四六、四七頁)。

バスチャンは、ついで明治三（一八七〇）年十二月二十六日に富岡製糸場土木建築全部の図面をつくりあげ、約二か月余の短期間に約一万五六〇〇坪の敷地に、一九〇〇坪におよぶ製糸場建物群の設計を終了した。明治四年十二月で富岡製糸場の任期を終え、明治五年七月二十三日に横須賀に帰着し、解雇・帰国を出願したので、造船寮が旅費を支給したという（『横須賀海軍船廠史』第一巻）。

明治政府の富国強兵・殖産興業の中核となった〝軍艦と生糸〟は、バスチャンを通じてつながっていたのであった。

富岡製糸場は、二八万円の工費で明治五（一八七二）年十月に竣工した。生糸生産の技術的改良の諸条件を整備し、工女の管理、労働条件に新しい方式を日本にもちこんだ。工女寄宿制、揀繭（かんけん）（繭えり）・繰車（糸とり）・揚枠（あげわく）（糸揚げ）・検査・束糸（糸結び）・屑糸（くずいと）・剝蛹被（はくようひ）（蛹（さなぎ）に被っている残糸をとる）の七工程を、分業による集団労働にわけた。

フランス人の工男・工女、日本人の工女・男子伝習生による伝習工女への見まわりによる指導と労務管理、八時間昼間労働制、フランス人医師による工場医の設置などをおこない、当時の日本に一般的にみられた草創期製糸工場経営形態からは、大きく飛躍していたといってよい。そのプランから、日本の気候風土—とくにアジアモンスーン地帯の湿度が高いこと—に配慮した修正である生糸再繰式（糸揚げ）をくわえた富岡製糸場実現までを指導したのが、ポール・ブリュナであった。

一八七三（明治六）年三月三十一日、長野県埴科（はにしな）郡松代（まつしろ）町から、富岡伝習工女として同僚となる一五人と富岡製糸場をはじめてみた横田英は、「富岡御製糸場の御門前に参りました時は、実に夢かと思いますほど驚きました。生まれまして煉瓦造りの建物など、まれに、にしき絵くらいで見るばかり」であったからと書いている。入場してから繰糸場をみたときの驚きも、「とても筆にも言葉にも尽され」ないものがあった。糸とり台のすべてが、みな真鍮で「一点の曇りもなく、金色目を射るばかり」、また、鼠色にぬりあげた鉄がふんだんに使用されており、場内を西洋人男女が歩いていたこと、すべてが「夢の如くにも想い」、「何となく恐ろしいようにも感じ」たのであった（和田英著・上條宏之校訂・解題『定本富岡日記』創樹社　一九七六年。一八、一九頁）。

富岡製糸場は、松代工女たちに、あたかもフランスの製糸工場に留学したような感じをもたせた。しかし、富岡製糸場の創立には、ポール・ブリュナにより、種々の日本風創意工夫がくわえられていた独自な富岡式蒸気器械製糸場であった。

もっとも、政府が大きな資本を投下し、フランスから首長ポール・ブリュナや技師・指導工女・医師などをまねき、繰糸機械・器具を購入してつくりあげた官営模範製糸場は、日本各地でそのまま蒸気器械製糸場を創るモデルにするのには、資本の規模、器械・器具を創る技術水準から、きわめてむずかしかった。

わたしのこれまでの長野県西條村製糸場にかかわる研究、べつに今回まとめた著書『民衆史再耕『富岡日記』の誕生』（龍鳳書房　二〇一一年）は、富岡式蒸気器械製糸技術を長野県松代地域に導入・定着させるのに、どのような創意工夫があったのか、その担い手はどのような人びとであったのかを、あきらかにしたものである。

それはまた、長野県松代からの富岡伝習工女であった和田英（旧姓横田）が『富岡日記』と『富岡後記』をセットで書きのこす必須条件ともなった。

しかし、富岡製糸場を、ポール・ブリュナが設立することなしには、横田英による『富岡日記』の誕生はなかったことを忘れることができない。このブックレットは、ポール・ブリュナが、フランス式蒸気器械製糸技術を富岡に導入するにあたって、日本の実情に配慮して独自な創意工夫をおこなったことを、近年の諸研究も視野に入れ、確認したものである。

以下、富岡製糸場の創立とポール・ブニュナの働きについて、技術の問題に配慮しながらあきらかにしたい。

一　ポール・ブリュナをお雇い外国人として日本政府が雇う

先行研究によるポール・ブリュナの役割の評価

ポール・ブリュナの生涯のアウトラインをしめす先行研究には、原富岡製糸所『富岡製糸場史（稿）』の附録二「ブリュナ氏伝記」（のち、前掲『富岡製糸場誌　上』に所載）や藤本実也『富岡製糸所史』（片倉製糸紡績株式会社発行　一九四三年）があった。ブリュナは、一八四〇（天保十一）年六月三十日に南フランスに生まれ、一九〇八（明治四十一）年にフランスに帰国していて逝去したとされている。また、ブリュナの日本製糸業史にはたした役割は、逝去の前年である一九〇七年一月二十七日付の大日本蚕糸会（総裁貞愛親王）が、来日中であったブリュナに贈った表彰文に、つぎのようにしるされた。

内国産業開発ノ為メ、洋式ノ一大模範製糸場建設ノ議アルニ際シ我政府ニ招聘セラレ、明治三年上・武両州ヲ巡視シ、恰当ノ地ヲ上州富岡ニ相シテ一大製糸場ヲ建設シ、器械購入ノ使命ヲ帯ビテ仏国ニ渡航シ、技師及ビ工女ヲ引率シ来リテ、洋式製糸ノ模範ヲ示シタリ。而テ小枠再繰式ヲ採用シテ糸縷ノ膠着ヲ防ギシ如キハ、実ニ湿気ノ過度ナル本邦ノ気候ニ適合シタル卓見ニシテ、爾後幾多ノ製糸勃興スルモ、皆範ヲ此ノ式ニ則ルニ至ル。

ブリュナの製糸技術改良のうえでの貢献を、(1)富岡製糸場建設によるフランス式製糸技術の導入―器械導入、フランス人技師・工女の招聘―、(2)日本の湿気過度な気候に適合した小枠再繰式の独自な採用の二点にみた。しかし、ブリュナの生涯、来日の時期と富岡製糸場首長に就任する以前の詳細はわからなかった。

ブリュナの出生について、あらたな知見をもたらしたのは、NHK特別取材班『ドキュメンタリ明治百年』（日本放送出版協会　一九八六年）であった。その新知見を踏まえた富田仁「フランス式製糸を伝えたポール・ブリューナ」（中川浩一編著『産業遺跡を歩く―北関東の産業考古学』産業技術センター刊一九七八年）は、当時、もっともくわしいポール・ブリュナの具体像を提供した。

しかし、日本製糸技術史のうえからも、既存の富岡製糸場関係史料の再検討のうえからも、ポール・ブリュナの史的位置づけは、さらに多面的におこなえるようになった。

リヨンから日本へ―明治二年六月のブリュナの日本国内旅行

ポール・ブリュナが、明治五（一八七二）年十月四日に繰糸を開始した官営富岡製糸場について、建設地の設定、建築物の構想、フランス式の蒸気器械製糸技術の導入と普及に中心的役割をになったこと、それは、ブリュナが、フランスのリヨンで青年時代から絹糸問屋に勤務し、生糸や絹織物に精通していたからであったことは、すでにあきらかにされているとおりである。

フランソワ・ポール・ブリュナは、南フランスのヴァランスから約二〇キロメートル離れたドローム県ブール・ド・ペアージュ市テッペ、ロワイヤンス通り二一番地の祖父ブリューノ・フランソワ・ブリュナ（一七六五年生まれ～一八三五年死す）が地主と商人を兼ね、第五代市長をつとめた家に住んでいた父フランソワ・ユリス・ブリュナ（一八〇四～一八六五）、母マリ・ジャンヌ・ヴィルジニー・テイセールの二男に生まれた。一八四〇年六月三十日午前八時のことで、父フランソワ・ユリス・ブリュナが三十六歳、母マリ・ジャンヌ・ヴィルジニー・テイセールが二十八歳であった。

父は、製糸場・絹工場を経営するかたわら、治安判事代理・市議会議員・ドローム県議会議員・ロマン商事裁判所判事・養護施設運営委員会委員・ヴァランス民間評議員・初等教育高等委員会委員、さらに技術製造業諮問会議所会員などの要職を歴任した。一八四六年から五六年までは、就任をことわった期間もあったが、第十五代などのプール・ド・ペアージュ市長をつとめた。しかし、父が絹貿易事業で失敗し破産したことから、ロワイヤンス二七番地に移住せざるをえなくなった。父は、そののちドローム県知事・市議会の推薦で、一八五七年に鉄道施設の公務員になり、のちに鉄道行政監督官として活躍した。子どもは、ポール・ブリュナの上に、長女・二女・長男がおり、妹も一人いた。

ポール・ブリュナは、父の破産で家計が不安定のため、奨学金を得て、伝統のある公立中等学校帝国リセに学び、ついでブリュゴーニュ地方の中心地ディジョンの名門校リセ・ド・ディジョンに転校して学んだという。かれは、「科学系バカロレア」を取得したが、大学などへは進学せず、就職してフランス・スペインのいくつかの製糸場で働き、一八六六年ころフランスの生糸貿易商社エシュト・リリアンタール商社（横浜商館オランダ八番商館）にはいり、一八六六年三月十二日（慶応二年一月二十六日）に同商会から日本へ派遣され、生糸検査人として活躍していた（富岡市教育委員会編集・発行『富岡製糸場総合研究センター報告書　富岡製糸場のお雇い外国人に関する調査報告　特に首長ポール・ブリュナの事績に視点を当てて　―中間報告』二〇一〇年）。

官営富岡製糸場の設立に最初から関係した明治政府の官僚に、杉浦譲と渋沢栄一がいた。二人は、慶応三（一八六七）年、第五回パリ万国博覧会に、日本使節代表徳川昭武（一八五三〜一九一〇　水戸九代藩主徳川斉昭の一八男。将軍徳川慶喜の名代としてパリ万国博覧会に出席、万博終了後にパリに留学、戊辰戦争で新政府から帰国を命ぜられ、明治元年十一月二十五日〈一八六九年一月七日〉に水戸藩主となる）の随員として渡欧し、同年三月六日（西暦一八六七年四月十日）夕方七時、リヨンの駅に汽車から降り立った。そのときの印象と見聞は、青淵漁夫（渋沢栄一）・霞山樵者（杉浦譲）の共著『航西日記』（明治四年発兌）に、つぎのようにしるされている。

此地仏国の一大都市にして、巴里に亜つぐ市街の布置家居も頗る宏壮華麗なり。広大なる繅糸場・紡績場あり。凡西洋婦女の服飾其他の絹、紗、綾、繻子、緞子、綾羅、錦銹の類、皆此地より出る。職工常に七八千人、器械屋宇の設も亦壮大なりといふ。此日夜に入て着せし故に遊覧を得ず。

渋沢や杉浦は、翌日朝七時にリヨンを発ちパリに向かったので、リヨンの製糸・絹織物の工場をみていない。しかし、五月十八日（西暦六月二十日）に、パリの博覧会場でリヨン産の絹布織物はつぶさにみた。つぎのように書いている。

博覧会場ハ、セイ子ネ河側一ケの広敞の地にて、周囲凡一里余もあるべく、元調兵場なり。（中略）絹布織物の巧にして、且鮮彩なるハ黎昂リヨン其名高きに負ず。華紋織出しの精麗各色染付の艶絶なる、人目を眩し他邦の織物ハ醜婦の美人の側に在が如し。

なお、渋沢栄一は、同年八月七日（西暦一八六八年九月四日）、スイスのバールで織物細工所をみており、そのようすを『航西日記』につぎのように書いている。

此織物細工所は格別広大ならざれども、都て婦人の首飾又ハ頭上覆面等に用ゆる極て緻密なる絹沙など製する所なり。又別に麻を紡績して織物を製す。恰も本邦五仙平の如くにして、更に精巧なり。

渋沢たちがリヨンに立ち寄った一八六七年四月十日には、ポール・ブリュナはすでに日本に来ていた。ブリュナは、責任者がカイセナイモル（F.Geisnheimer）であったエシュト・リリアンタル社（ヘクト・リリアンタル　Hecht,Lilienthal）が館主であった横浜のオランダ八番館に、生糸検査技師として活躍していた。明治二（一八六九）年六月には、国内旅行をしたことが、中山道安中宿の本陣須藤家の『巳明治二年　年中日記録（録）　巳正月吉日　須藤』でわかる（前掲『富岡製糸場誌　上』二二五頁）。その六月十七、十八日の条に、つぎのようにしるされている（句読点などは上條）。

十七日天気　今日俄ニ前橋ゟ安中迄与申、英人先触到来、八ツ半時頃馬ニ而不残着致候。
英人　山ノ二番　アダムス
同　　三番　ウリケンス
同　二十八番　デヒシ

仏人　　二番　　ピイケ
同　　八番　　ブリナア
外国人　五人
士分　弐人
小使・料リ共四人
〆拾壱人泊リ
外護役人十一人、是ハ下宿弐軒。乗馬〆拾七疋本陣入。上下共壱人ニ付金百疋ヅヽ、外ニ茶代三百疋、内二百疋分料理人江酒代被下申候。
十八日朝天気　夜ニ入雨降。今朝外国人当処出立、坂本泊リ。夫ゟ上田辺ゟ諏訪辺江参リ、夫ゟ甲州江出帰浜候也。（中略）
○今日初上リ蚕卸ス。

六月十七日のフランス人二人のうち「八番ブリナア」が、オランダ八番商館のポール・ブリュナであった。ブリュナが安中を訪れた明治二年六月は、あたかもカイコがはじめて上簇した時期であった。前橋から安中に来て泊り、さらに坂本・上田・諏訪・甲州・横浜のルートで国内旅行をしているのは、注目に値する。この養蚕・製糸地域へのブリュナの旅は、翌三年の官営製糸場建設準備のために日本政府に雇われる以前に、日本の在来製糸技術に関する知識を、ブリュナにあたえたのではないかと、わたしにはおもわれる。

　ブリュナは、明治三年六月にふたたび須藤家をおとずれた（前掲『富岡製糸場誌　上』二二六頁）。今度は官営製糸場設立準備の目的をもっていた。『庚明治三年　年中日記録　午正月吉日　須藤』の六月二十七日に「今日俄ニ仏人ブリナア追分出立而当宿泊リ」とある。「松井監督正様外上下十人、内岩鼻県梅田大属様御同宿、馬二疋」の一行の一人であった。二十八日には「仏人不快之由ニ而逗留」、二十九日「今朝外人ブリナア出立、富岡昼休、吉井泊」とある。この日の記録には、ブリュナについての情報を、「此異人ハ、去年中五人ニ而拙家泊リ、上田行ニ而不念別懇意成異人ニ御座候。則海岸八番之由、幸ひ浜ヨリ仝番頭参り居、呼寄長噺御座候」と書きとめている。

　須藤家では、前年六月に五人で須藤家をおとずれたイギリス人三人、フランス人二人のなかで、「ブリナア」はふしぎにとくに懇意となった「異人」であった。明治三年の宿泊者のなかに、横浜からオランダ八番館の番頭が来ていて、須藤家の人と長話をし、ブリュナについても聞いていたのであった。須藤家では、明治三年にはお雇い外国人となったブリュナが、「生糸製造指南場所見立」のために上州に来たことを、八番館の番頭からの「長噺」で確認して知ったのであった。

ポール・ブリュナの日本在来製糸技術への着目

　ブリュナは、来日前のフランスで、イタリア式やスイス式の製糸技術にも理解があった。それは、お雇い外国人となった直後の旅行中、明治三年閏十月二十八日十二時後に前橋に着き、前橋藩製糸場を前橋藩大属速水堅曹（一八三九—一九一三）の案内でみたときの言動にあきらかである。

杉浦譲『客中雑記』（編集代表土屋喬雄『杉浦譲全集』第三巻　杉浦譲全集刊行会　一九七八年。二六一頁）には、速水の案内でみた前橋藩製糸場について、ブリュナの指摘を聞いた結果とおもわれる特徴について、「町外一介之地、流ニ傍ひて茅屋を構へ、五間ニ七、八間也。器械ニ而操る。十二器也。製糸頗る精工なりといえども、未だ繭を蒸殺するの発明なし。女手拾四、五人手伝す。製糸幷規則等精しく尋究し帰寓す」としるしている。

ここでは、原料繭の蛹を製糸場で蒸し殺す方法をとっていない—繭生産者が日干しして蛹を殺した繭を購入して繰糸をしていたように読みとれる—ことを指摘している。イタリア式の一二器があったとあるから、一器（鍋とか釜という）に繰り糸工女二人と煮繭索緒工女一人との三人が一組になるイタリア式の釜数から、工女数を一四、五人としているのはただしくない。

いっぽう、「製糸ノ沿革（尾高惇忠君演説）」（『竜門雑誌』第六〇号、明治二十六年五月）では、そのときのブリュナとのやりとりを、つぎのようにつたえている（前掲『富岡製糸場誌　上』一七一頁）。

先ヅ大体上ニ於テ、三十六人ガがたがたシタ様ナ機械ヲ見マシテ外国人（注：ブリュナ）ニ問フタ。
「御前サンノ目論見モ同ジデアルカ。」
「左様デス。大同小異。是ハ瑞西(スイス)風デ、今ヨリ十年程前ニ扱ツタモノデアル。私ノハモウ一等進ンデ居ル新規ノ遣リ方デアル。」

「サウ云フモノカ。ソンナラバ此取リ付ケト申シテ、上（揚）ゲ枠ナシニスルノガ最モ便利ト思フガ。」
「是モ其様ニ軽便デナイ。是モ瑞西ノ人ノシタ事デ、ソレヨリハ揚ゲ返ス方ガ却ツテ宜シイ。」
ト云フコトデアリマシタ。

スイス人ミューラ（Caspar Müller）によったので「瑞西風」と表現された前橋藩製糸場の繰糸技術の実態はイタリア式であった。一二の繰糸台に三人ずつ三六人の工女が就いていたこと、繰糸を巻き取る糸枠に「揚げ返し」の糸枠（再繰式）を付けることの是非について、杉浦とやりとりをしたこと、その際にブリュナが揚げ返す糸枠の設置を主張したことが、あきらかである。

生糸の再繰式は、日本の湿気のおおい風土では、一度の繰糸では生糸がたがいに接着してしまう問題があり、その解決のために、もう一度べつに糸枠に繰りなおす（揚げ返しという）日本の在来技術であった。

ブリュナは、日本製糸業のめざす方針をうたった「見込書」の(1)で、日本製糸業の損失を防ぎ「絹糸ノ品位ヲ上等ニスル」ための基本方針に、日本の風土などを考慮する必要をつぎのように書いていた。

強チ現今欧羅巴各国ニ於テ用ユル法方ヲ其儘日本ニ移ト雖モ、必ラズ益アルニ非ズ。今実地ニ就テ論ズルニ、欧州汽機ノ便ヲ以テ日本在来ノ法ヲ増補スルニ如ク者ナシ。加フルニ各国ニ於テ経験上ニ就、改正シタル要件細微ノ事ニ至ル迄尽ク之ヲ伝習シ、日本職工等旧来慣習ノ法ヲ改ムルニアリ。

これは、日本の製糸技術による生糸製造が、ヨーロッパの製糸製造と基本的には同レベルであると、ブリュナが認識していたことをしめした。さきにみた明治二年六月の上州・信州・甲州の養蚕・製糸地域の旅行で、ブリュナが見届けていたことをしめすようにおもわれる。したがって、ブリュナが構想する日本の官営製糸場の製糸技術などのシステムは、日本職工による「従来習熟ノ法ト甚ダ異ナラザル」ものと表現した。その日本職工による「従来習熟ノ法」を見極めるため、「見込書」の(2)で「諸事未ダ取掛ラザル以前、建白人（注：ブリュナ）国ノ内部ヲ旅行スル事必要ナリ」と強調した。

『富岡製糸場記　全』（片倉工業㈱富岡工場蔵）によれば、ブリュナと日本政府との仮契約がむすばれた明治三年六月の直後、「監督権正松井清蔭ヲ以テ嚮導トシ、ブリュナ氏ヲシテ製糸ニ宜キ地ヲ相セシメントス。秋七月武蔵・上野・信濃等ノ邑里ヲ歴観シテ皈リ、上野国富岡ヲ以テ其最モ宜キ所ト決定」とある。

松井清蔭たちとブリュナによる官営製糸場設置場所をきめる視察旅行は、すでにふれた旧安中本陣須藤家の『庚明治三年　年中日記録　午正月吉日　須藤』の六月二十七日の条に、「松井監督正様外上下十八、内岩鼻県梅田大属様御同宿、馬弐疋」とあり、六月二十九日に、つぎのようにあることで、「生糸製造指南場所見立」の実施状況がわかる。下仁田も候補として見立てられた。

今朝仏人ブリナア出立、富岡昼休、吉井泊リ。
先触夫ヨリ秩父辺江参リ候由。前廿二日宮崎江参リ候節、只今仏人下仁田江罷越候由、同所ニ弐泊リ。

今度ハ天朝ニ而御頼入被成候。定而生糸製造指南場所見立之様子ニ御座候。先下仁田ハ水害ニ付、凡百釜位ハ出来可申与之噂咄ニ御座候。

ブリュナは、明治二年六月のオランダ八番館としての旅と翌三年六月の政府のお雇い外国人としての旅で、日本製糸業とフランス製糸業の比較検討を、実地調査によって基本的なところではすませたといってよいであろう。

ブリュナは、明治三年、お雇い外国人として日本政府と仮契約していたさいの「見込書」(六月)、正式契約のさいの「条約書」(閏十月七日)で、日本製糸業のどこを改善すべきかを、具体的に指摘しているからである。

二　富岡製糸場の設立とブリュナの役割

富岡への官立製糸場敷地決定とブリュナ

ポール・ブリュナが、富岡製糸場創設のためのお雇い外国人に就いた経緯は、民部省地理権正の杉浦譲と玉乃世履権大丞の「操糸場取建手続日誌」(前掲『杉浦譲全集』第三巻　二五二～二五四頁)に、大筋があきらかである。

明治三（一八七〇）年十月十七日、ブリュナとフランス国書記・日本政府顧問ジ・ブスケ（デュ・ブスケ Albert Chatles Du Bousquet）が民部省をおとずれ、大木喬任民部大輔、玉乃世履民部権大丞、渋沢栄一大蔵少丞、杉浦譲地理権正らと官営製糸場の「取建法雇入法約定書」の加除談判をはじめた。そして、閏十月七日には、「今日第十二時ジブスケ、ブリュナ、ヱクリヤ会社之もの来る。則大輔公、林大丞立会、約書為二取替一有レ之事」とあり、約定書を取りかわした。

その間、明治三年十月二十二日には、「雇入法約定書」のほかに、ブリュナと話し合った「繰糸場手続」について、つぎのような内容の「別記」七項をまとめ、民部大輔・同少輔が承認した。

「別記」

(1) 約定書の取りかわし
(2) ブリュナが富岡へ出立する手続　地所の位置目論見、諸職人住居場所など
(3) 掛り官員　両三人に辞令を渡すこと
(4) 繭買入会社を仕事に取組ましめること
(5) 建物
(6) ブリュナをフランスへ遣わす手続
(7) 繰糸場を取扱う重立つ者

杉浦地理権正
上州富岡繰
糸機械取建
為御用出張
相達候事
庚午閏十月
民部省

杉浦譲の富岡製糸場出張辞令

このうち、⑵ブリュナが富岡へ出立する手続は、つぎのような内容であった。

約書調印儀、地所之位置目論見幷諸職人住居場所其他凡目途相立候義ニ付、此方より地理見立、御委任之もの壱人、外ニ掛五人、直持のもの壱人被レ遣候方可レ然。（中略）
通弁之義者、南校中得業生山内文次郎此省へ御取入相成可レ然。
ブリュナ賄方之義ハ、先前松井監督権正罷越之節之振合を以、此方御賄相成可レ然事。

「地理見立」のために「御委任之もの」とはブリュナをさし、ブリュナを派遣することが、具体的にきめられた。正式な契約をへたブリュナは、明治三年閏十月十三日に東京を出立し、富岡表へ繰糸器械取建てのための諸調査を、十一月五日までおこなった。民部省地理権正杉浦譲、庶務少佑尾高惇忠、通訳山内文次郎、山浦少令史などが同行した。ブリュナは、この旅を、おもに騎馬でおこない、かなりの強行スケジュールで消化した。その詳細は、杉浦譲『客中雑記』にあきらかである（前掲『杉浦譲全集　第三巻』二五四～二六三頁）。

この旅で、富岡製糸場の建設場所が確定した。ブリュナたちは、富岡・七日市・一ノ宮を巡視したのち、閏十月十七日、富岡分のうちの地勢を見分し、「七日市境、西北隅高敞之地屋敷跡地、最寄風気宜敷趣ニ付、凡治定」とした。

場所決定のキーワードとなった「風気」とは、まず「此地崖下鏑川にて水平より高サ拾三間余あり」という自然条件であった。また、民衆の動向にかかわる「風気」も重視されたようすは、ブリュナの巡視と時をおなじくして閏十月二十日、「高崎藩管内村々騒立」があり、「今日途中聞見及候処、未だ稲も刈取不申、農民も屯集之為、村々より罷出候よしニ付」そのようすを見届けることとした。十月二十日夜、梅田岩鼻県権大属が来て説明するのには、「何分鎮定いたし兼、騒立候もの追々屯集いたし、目今之処、春名山下数ヶ所ニ凡千四五百人程も相集り、同藩より為㆓鎮撫㆒兵隊一小隊も差出し候処、却而人気を激し候而已ニ而鎮撫不㆓行届㆒引取」といった、民衆の世直し状況があったからであった。

こうした維新変革期の民衆の動きもふくめ、官営製糸場の設置場所に必要な諸条件や日本の在来製糸業の実態をじゅうぶん見極める必要を、ブリュナに感じさせることとなった。

官営製糸場の設置場所に必要な自然諸条件の検討は、まず水利からはじまっていた。閏十月十八日、七日市管内の用水路を宇田川堰口から巡覧し、一ノ宮から宮崎まで一見した。その後、製糸場経営に必要な燃料確保のため、石炭鉱の見分をおこない、閏十月二十一日には建設地の買上げ反別の取調べ方法の検討にまですすんだ。ブリュナの設置場所決定にいたった意見およびその自然諸条件にかかわる観点は、つぎのようなものであった。

一体富岡表之義者、高田・鏑両川之中間ニ屹立いたし候高敞之地ニ而、山脈宮崎村より漸次低く相成候へ共、七日市接壌之場所ハ水平より高さ拾三間も有レ之、湿気之患無レ之風通しも宜敷、殊ニ別紙画図面之場所ハ村内最高之地ニ而、南方懸崖計（ママ）絶いたし居候へ共、岩根ニ付崩落之義も是迄無レ之趣古老のもの申聞、第一之佳区ニ見受候間決定いたし度旨、ブリュナ申聞。

このブリュナの意見に、杉浦・尾高らも納得した。買上げについて村方に糺したところ異存がなく、石盛も中畠で生産力がそれほど高い地でなかったのも確定の条件となった。水利がいくぶん不便であったが、用水の不足は掘り井戸の水――「清冽ニ而鉄気亜気も無レ之」――で間に合うこと、「全村繰糸皆井水相用候義ニ付、製糸之色沢も可レ宜、且村方故障筋無レ之候ニ付」、面積の測量、榜示杭打などへと作業がすすめられた。

官営製糸場の建設地は懸崖の上であるが、崩落した過去がなかったことを「古老のもの申聞」けたこと、「全村繰糸皆井水」を用いており、生糸の色沢もよく、掘り井戸の水による生糸に村方で故障を言わないことなどが確認されている。こうした手続を、ブリュナや富岡製糸場創設にたずさわった関係者が地元の人びととおこなったことは、注目すべき態度と評価したい。

いっぽう、閏十月十八日には、水利調査と並行して、「ブリュナ氏之求ニより製糸試之為、村女四人を雇ふ」こととした。日本在来の製糸法の見極めのためであった。製糸場創立の場所をきめる旅で、ブリュナは、先にふれた前橋藩製糸場での精密な「尋究」のほか、「山間ニ僻在之地といへども織物之名所」

とされていた桐生町では、「機殿」「綾殿」の調査をおこなった。製糸経験者の女性四人を雇入れたことと関連して、前掲「製糸ノ沿革（尾高惇忠君演説）」に、つぎのような尾高惇忠の回想がある。


明治四年（ママ）三月（ママ）ニナリマスト、富岡ノ松浦水太郎ノ宅ニ於テ、私ニ談ジテ、「繭ヲ一石買ツテ呉レ、上等ノ工女四人ヲ雇ヒ入レテ呉レ」ト云フコトデアリマス。私ハ命ニ従ツテ之ヲ供ヘル。三十日バカリ四人ノ工女繰ラセテ、在来ノ機械、在来ノ日本風デ少シモ工ヲ加ヘナイデ繰ラセマシタ。

「是ハ教師（注：ブリュナ）何ニナサルカ。」

「是デ今度彼方（注：フランス）ニ注文スル所ノ機械ヲ、成丈日本ノ風ニシテ在来ノ業ヲ変ジナイ様ニ欧羅巴風ニ移スト云フノ便宜、此糸ノ性質ト言ヒ技術ト言ヒ同格デアルカラシテ、斯ウ云フ様ニ計ラツテ其監護人トスル為メニ斯ウスルノダ。」

ト云フノデ‐‐‐‐‐是ハ外国ニ己（おのれ）（注：ブリュナ）ガ機械注文ニ出張スル前ノ論デゴザリマス。


杉浦譲『客中雑記』にある明治三年閏十月十八日（西暦一八七〇年十二月十日）に「村女四人を雇ふ」とあることと、尾高が工女四人を雇い入れる目的について、ブリュナと問答した年月には、尾高の記録が回想のためちがいがある。杉浦の記述がただしいと、わたしはみている。

ブリュナが、フランスに富岡製糸場の製糸関係器械を購入するためフランスに出張したのは、明治四（一八七一）年一月十五日（西暦一八七一年三月六日）であった。『富岡製糸場記　全』（前掲）には、この日

「ブリュナ氏繰糸器械ヲ購求センガ為メニ米利堅郵船ニテ横浜ヲ発シ仏国ニ航ス」とある。「条約書」では、一八七〇（明治三）年十二月の郵船でフランスに行き、一八七一年六月ころまでには「物材」の出来た分を購入して日本に帰港する予定としてあったが、ほぼ三か月予定より遅れ、明治四年一月十五日の横浜出航、明治五年二月の横浜へ帰港となった。したがって、尾高惇忠の「明治四年ノ三月」は記憶違いであり、四人の村女による日本風の繰糸技術をみてフランス式技術に改良をくわえ、フランスに注文する器械・器具の製作に反映させようとしたブリュナの試みは、杉浦譲が記録にとどめた明治三年閏十月の事実とかさなるとみるべきであろう。

いずれにせよ、ブリュナのフランス式蒸気器械製糸技術を日本に導入するにあたって日本風在来技術をくわえた改良は、技術移転にあたってきわめて重要な態度と評価できよう。

富岡製糸場の蒸気器械製糸技術の独創性

ブリュナの富岡製糸場設立の基本に、たんにフランス式製糸技術の移植にとどめないで、「欧州気機ノ便ヲ以テ、日本在来ノ法ヲ増補スル」（見込書）方式をとる考えがあり、富岡製糸場の各工程で具体化したことが指摘できる。

技術的問題をみれば、繰糸行程で日本の在来方式を大きく変えた。繰糸法は、日本の繰糸が「屑ノ高五分・壱割ニ至ル」点を、フランス式技術で改善した。そのために、「機械ハ一個ノ釜ヲ設ケ、内ニ暖湯ヲ充(みたし)テ繭ヲ煮ル傍ニ繰車ヲ置テ糸ヲ繰ル」（「見込書」）こと、具体的には、釜中の暖湯は蒸気であたためること、繰車の運転は水車か蒸気の力でおこなうことを方針にたてた。すなわち、蒸気で繭をあたためて繭から糸を引き出す（「口立」という）こと、繰糸を枠に巻き取るための繰車はいっせいに蒸気機関（日本で一般的におこなっていた水車の動力も視野に入れていた）の動力でおこない、工女が糸を繰る作業に専念できるようにする原則にたっていた。

さらに、工女の繰糸については、ブリュナの「製糸法伝書」（『群馬県蚕糸業沿革調査書』）によって、⑴繭煮方と⑵繰熱度への注意事項がこまかくしめされた。

⑴では、「繭凡そ二合宛一升を五度に煮るをよしと」し、一時間三〇分くらいで繭一升を繰り終えること、それは、一口二合の繭の口立時間は六分、糸に繰る時間一二分とみて、「繭を熱湯中に置くこと少なく速に繰り揚ぐるを専要とすること」を基本にした。日本の座繰糸が「解舒（かいじょ）」（繭糸を繭層から解き離すこと）のために繭を煮る時間が長く、生糸を弱くしていることを避けることに留意した指示であった。

⑵では、暖湯の温度（摂氏：セ氏　水の氷点を零度、沸点を百度とする）について「生繭口立百三十度・繰湯百十五、六度」と、繭の高温による煮すぎを避けるようにすることに留意し、四季によって口立・繰湯の温度を調節すること、また、「湯濁らざる様汲み捨つべし。若濁れば糸筋こは（硬）くして色沢を失ふなり」と、生糸の色沢に影響する釜の湯の濁りを避ける指示をした。

また、工女の労働環境の整備に心をくばり、「繰糸機械ヲ取建ル場処ハ、空気ノ自由ニ往来シテ日光ノ多キ処ヲ要ス。繰糸ノ業極メテ細微ニシテ、且叮嚀ニ取扱フ事ヲ要スル」（「見込書」）ことを重視した。

したがって、初期富岡製糸場は、日曜休日・土曜半休制、夜間労働を否定した実質八時間労働制、工場医（フランス人の医師）の設置などを実現させた（三浦豊彦『労働の歴史―衛生史からみた日本の労働者』紀伊国屋新書　一九六四年）。

いっぽう、原料繭については、①繭買取り方、②蛹の蒸殺、③繭を乾かすこと、④繭の好悪の見分け方などに、つぎのように留意した。

① 新鮮な繭の購入、「即チ糸ヲ咄（は）キ始ムル日ヨリ十日ヲ経テ、未ダ日光ニ曝（さら）サザルモノ」（生繭）を購入する。

② 蛹を殺す方法は、日本在来の繭を太陽に曝して蛹を殺す方法に替え、蒸気の熱で蒸殺する方法を採用する。

③ 蒸殺して濡（ぬ）れた繭は、風通しのよいところに置き、拡散して乾かすこととする。

④「繭ノ性質・好悪ヲ微細ニ検査シ品等ヲ分ツ」ことを重視する。これは、在来の日本の製糸工場では、日本の製糸業が原料繭の購入前の蛹を殺す作業と繭の質の保障は養蚕農家にゆだねていたものを変え、原料繭の購入とその質にかかわる検査を、もっとも基本的な工程に位置づけたのであった。

ブリュナの「製糸法伝書」は、①生繭を購入し、②③「完全の繭は早く蒸燥の両方を用ひ、之を風通し宜しき処に置き、爾後秋季に至るまで懈（おこ）たらず攪散するを要す」とし、繭貯方として「繭は潰れ及汚れたるものを選出し速に繰糸」すること、すなわち、④繭選別方を重視し、「良好の糸を製するには、先づ第一に繭を選み別くるを要す」ることとしていた。

一八七三（明治六）年五月、富岡製糸場の運営開始後に、ブリュナの方針の具体化を政府がおこなった事例として、府県宛の「蒸繭方法告諭書」の頒布方の達がある。

「大蔵省事務総裁正四位大隈重信」の名による達は、「今政府既に外国製の器械を購入し、上州富岡に製糸場を建設し、仏人ブリュナ氏始め外国人男女を雇入れ、其教授を受け製糸試験せしに良好の糸を製造志たり。其繰糸法最緊要なるは蒸繭の良法にあり」と、富岡製糸場での蛹蒸殺による繭からの製糸が「良好の糸」を生産できたので、各地の製糸場に原料繭の蒸殺をすすめる「蒸繭方法告諭書」の普及をはかったのであった。

また、『富岡製糸場記　全』の「燥繭所」の項には、「後ニ挙ル所ノ見込書ニハ、繭ヲ日光ニ晒サズ、成繭三、五日内ニ蒸煞（殺）スル方ヲ説ケルニ、四年七月ブリュナ氏伊太利国新発明ノ燥煞方ヲ得テ建白シ、此法ニ更（あらた）ム」とある。明治四年七月は、ブリュナがフランスで器械・器具を注文し、職人などをさがしていたときで、フランスに帰国中、繭のなかの蛹のイタリア式燥殺方（蛹を蒸して殺すのではなくかわかして蛹を殺す方法）がすぐれていることを確認したのであった。ただ、この記述だけではイタリア式蛹燥殺法の具体像はあきらかでない。

さらにブリュナは、いったん生糸を繰ったのち、日本在来の製糸技術でおこなっていた「糸揚返し方」を富岡製糸場でも採用したが、その実施のうえの注意を、「製糸法伝書」でつぎのように、時間のすばやさ、揚返しのさいの生糸の湯への湿し方を、具体的に指摘していた。

糸を小籰（こわく）より大籰に揚移すは、速にして時間を経ざる要す。而して糸は小籰にある水に浸し、潤すにも成るべく繰湯の度と同度の湯を以て籰の角々をのみ湿すをよしとす。若し湿り多く水滴たる程なれば、糸こはくなり、光沢を減じ甚だ宜しからず。

ブリュナの揚返しへの着目は、すでにふれたように政府のお雇い外国人になる以前で、速かった。明治三年閏十月二十八日、前橋藩製糸場をおとずれたとき、すでに揚返しが日本の風土に必要ですぐれた技術であることを理解し、いちはやく小枠再繰式に着目していた。

もっとも、藤本実也『富岡製糸所史』によれば、「繰糸機械に就てこれを観れば、創立当初は仏国式共撚（ともより）二口取、鉄製器械で直繰であったが、欧洲大陸と異なり、我が国は大気湿潤の為、籰（わく）角の固着を免かれないので、急に小籰とし揚返機を新に繰糸機の間に設けた」とある（六一頁）。「創立当初は」「直繰であったが」、「急に」「揚返機を新に設けた」という文章は、揚返しが開業後におこなわれたという記述になっていて、これはただしくない。ただし、ブリュナの「見込書」には、「三百位ノ釜ニ附属スル繰車ニハ三百人毎釜一人ノ耘人ヲ要ス」とあり、繰車（繰糸）工程のつぎに仕上げ工程を置くとし、「糸ヲ繰リ之ヲ纏フモノ二十四人」としていることから、再繰工程のない大枠直繰式のまま、生糸の仕上げをすることをも構想に入れていたと考えられる。

しかし、『富岡製糸場記　全』には、工程分課は束糸・検査・繰車・揚籰・揀繭（かんけん）（注：繭をえらぶ）・屑糸・剝蛹被の七工程とあり、「揚籰」工程について「揚籰掛工女三十八人、大小籰ヲ取扱フ者男女工六人」とし、さらに揚籰車の工場内の位置について、つぎのようにしるしている。

揚糸籰車、繰車ノ後ニ排列ス。一組一軸ニテ十三輪、脚高サ尺許、二行合シテ十二列百五十六籰ヲ架ス。其大小輪相磨シテ旋転シ及ビ休止スル等ノ機関ハ皆繰車ニ同ジ。揚糸大籰凡三百、繰糸小籰凡三千。

工女三〇〇人が大枠に繰りとった生糸を、工女三八人—大枠と小枠の双方もみる工男・工女が六人つく—が三〇〇〇の小枠に再繰することになっている。小枠再繰による生糸の揚返しが、開業時から揃っていたのであった。この揚返しの大枠・小枠の導入については、採用を決定した年月日の記載がないが、ブリュナが器械・器具の購入などにフランスへ帰った明治四年一月十五日以前に、揚返し工程の導入を確定していたと考えるのが自然であろう。

鈴木三郎『絵で見る製糸法の展開』（日産自動車株式会社繊維機械部　一九七一年）は、富岡製糸場に揚返し専用建物がないのは、当初の構想が大枠直繰であったことをしめしていて、繰糸場の間口を「当初の構想六・五間を七間に模様がえしたのは繰糸機械の（注：バスチャンが最初に引いた建物の）設計変更によって揚返器を同居させるための苦肉の策と考えてよい」と指摘している。

ブリュナの「見込書」（明治三年六月）の段階では、明治二年六月の旅行の見聞だけであったため、官営製糸場に揚返し工程を導入することを確定していなかった。しかし、明治三年六月の官営製糸場設置場所の巡視、三年閏十月〜十一月の再度の巡視、とりわけ後者で「村女四人」を雇い、ほぼ一か月「在来ノ機械、在来ノ日本風デ少シモ工ヲ加ヘナイデ繰ラセ」た結果、揚返し工程の導入を決定したとみるべきであろう。それは、「是デ今度彼方ニ注文スル所ノ機械ヲ、成丈日本ノ風ニシテ在来ノ業ヲ変ジナイ様ニ欧羅巴風ニ移スト云フ便宜」（前掲）のため、村女四人に在来の器具・手法による繰糸をおこなわせたいというブリュナの発言が証明している。

三　ポール・ブリュナによる富岡製糸場設立への同時代評価

富岡製糸場の独創性と経営問題・日本社会との不適合問題

ポール・ブリュナが設立の指揮をとった富岡製糸場への同時代評価をみると、日本政府の法律顧問で、司法省法学校の教師をつとめたジョジュル・イレェル・ブスケ Georges Hilaire Bousquet の評価が、まずあげられる。

ブスケは、一八四三年三月二日生まれ、パリ控訴院弁護士をしていたとき、日本政府の招聘で明治五年二月十六日（西暦一八七二年三月二十六日　二十九歳）に来日、司法省法学校で教育にたずさわった。一八七六年三月に帰国するまで、立法事業にも参画した政府の法律顧問であった。

このブスケは、一八七三（明治六）年八月一日に友人三人と東京を発ち、旧中山道を通って京都・大阪をおとずれ、大阪から海路を横浜に帰る計画のもとでおこなった騎馬旅行で、まずは浅間登山をめざしてすすんだ。その途中、八月二日に富岡製糸場に立ち寄り、工場をみた。その感想には、的を射た指摘があった。ブリュナの説明を丁寧に聞いたのであろう（『ブスケ日本見聞記　フランス人の見た明治初年の日本1』野田良之・久野桂一郎訳　みすず書房　一九七七年）。

創立当時の富岡製糸場全景　錦絵

今や我々は富岡に着く。そこには、我々の同胞の一人ブリュナ氏のきわめて親切な歓待が我々を待ちうけていた。同氏は、最も富裕で最も有名な養蚕中心地のただ中に、日本政府のために設立された模範製糸場を指導している。

この工場は、フランスの日本への最も優れた贈物の一つである。ブリュナ氏の仕事は、ヨーロッパの最近の技術改善を実施する一製糸場を建設するだけでなく、日本の製造に対し、気象条件・労務者の才能および原料の性質の相違に基づいた全く独創的な修正を加えることだった。工場の全用地は五六ヘクタールで、建物のたっている面積は八、〇〇〇メートル（ママ）で、建設費は二〇万ピアストル——一〇〇万フランより多い——、工場の装備は五万ピアストルかかった。

創立当時のブリュナ館

富岡製糸場は、約一万五〇〇〇坪の敷地内に、木骨煉瓦造を中心とした建物群により、わが国最初期の西洋式建築の構造技術や建築技法をつたえている。重要文化財として指定された名称でいえば、繰糸所・東繭置所・西繭置所・蒸気窯所・首長館・女工館・検査人館・鉄水溜・下水竇および外竇などが、現在ものこっている。竇とは、汚水を排出させるための暗渠である。

ブスケの訪問に、たぶん首長館で、ブリュナ夫妻はきわめて親切に歓待し、祖国フランスの思い出を語り合い、ブスケたちを「一層去り難くするためであるかのように、ブリュナ夫人がその家に代々伝わる見事な腕前をふるって演奏してくれた大家の傑作」を楽しんだ（前掲『ブスケ日本見聞記1』一八二、三頁）。

ブリュナは、明治四年一月十五日（西暦一八七一年三月六日）、横浜港からアメリカ郵船で一時帰国したおり、パリ郊外のナンテール生まれのアレクサンドリーヌ・エミリ・ルフェビュール・ヴェリィと結婚した。ブリュナ夫人は、一八七二年七月六日（明治五年六月一日）、富岡で女児マリ・ジャンヌ・ジョセフィヌ・マグドレーヌを生んだ（前掲、富田仁「フランス式製糸を伝えたポール・ブリューナ」）。マリ・ジャンヌは、富岡にキリスト教会がなかったので、生まれた年の十二月十三日に横浜のイエズス聖心教会で洗礼をうけ、そののち生まれた二女といっしょに、一八七六年二月に横浜から帰国の途についたという。

ブリュナ夫人が、ブスケに披露した「見事な腕前」とは何であったのか。ブリュナ夫人の実父ルイ・ジャーム・アルフレッド・ルフェビュール・ヴェリィ（一八一七年十一月十三日パリで生まれ、一八六九年一月一日死す。パリのペール・ラシェール墓地に埋葬された。この墓地にポール・ブリュナも埋葬される）は、作曲家でオルガン奏者、一八五〇年にレジオン・ドヌール勲章をうけているというから、ブリュナ夫人もオルガン（ピアノか）の見事な腕前を披露したとおもわれる（前掲『富岡製糸場のお雇い外国人に関する調査報告』）。

一八七三（明治六）年六月二十四日、英照皇太后・照憲皇太后が富岡製糸場に行啓したとき、ブリュナ夫妻は「洋食ヲ供進シ、洋楽ヲ奏シテ歓待シ」た。この洋楽はピアノであったという（前掲、原富岡製糸所『富岡製糸場史（稿）』）。

ジョジュル・ブスケが、富岡製糸場をおとずれたのは、二人の皇太后の行啓から四〇日近く経過したときであった。ブスケは、富岡伝習工女たちの働きぶりをみて、つぎのようにしるした（前掲、『ブスケ日本見聞記1』一八二、三頁）。


五〇〇人の女工が日本人およびヨーロッパ人の婦人監督の下で働いている。これらはきわめて知的な若い娘たちで、器用で繊細な指をもち、蜘蛛の巣でもこわさずにこれから糸を紡ぐことができるかもしれない。この無言の部隊は製糸場に隣接する建物の一棟に住み、老婦人監督の厳しい監督をうけて暮している。

なお、ブスケは、ブリュナや富岡製糸場の第一職工長らと、八月三日から同行し、五日、六日に浅間山登頂をこころみた。当時、浅間山麓に住む村人たちは、火を噴く浅間山を登山の対象にはしておらず、畏怖の対象であった。そのため、「半ば気違いじみた一種の霊感をうけた人間」＝宗教者が、浅間山とかかわるのみであった。

ブリュナたちは、そうした宗教者を案内に依頼して荷物をもって同行してもらうこととして、頂上まで登った。しかし、この案内人たちも、登頂の途中でどこかに隠れてしまい、同行したジュルダン、ヴィエイヤールが持参していた気圧計で海抜二三〇〇メートル地点ははかったが、「沸騰点」測高器による火山頂上の観測はできなかった。ブリュナたちは、浅間山麓までの行程に騎馬をもちい、登山を楽しむ近代人であった（同前）。

ブスケのおとずれた翌一八七四（明治七）年の十一月には、イギリス人トーマス・ウォルスが、横浜から富岡へ旅行をし、富岡（ウォルスは富岡を信州の地と勘違いしていたふしがある）に四日間滞在した。富岡地域の産業のなかで、富岡製糸場がはたしていた役割を検討し、つぎのように指摘した（「ウオルス氏信州富岡旅記」早稲田大学社会科学研究所編『大隈文書』第二巻　一九五九年）。

> 富岡ニハ、政府ニ於テ建築セル広大美麗ナル蒸気ヲ用ユルノ製造場アリテ、是ノ物品（注：日本製生糸）ヲ改正スル企望判然タリ。製造場ノ順序精密ナルヿト農夫等ノ麁慥（注：粗造）ナル製法トハ区別著ルシ。

余富岡ニ於テ聞クニ、是ノ蒸気ヲ用ユル生糸製造場ハ政府ニ利益無シト。然レドモ熟考スルニ、其損失ハ国人ノ製法ヲ錬熟スルニ随テ、漸ク逐テ多ク上品ノ生糸ヲ輸出シ、竟ニハ償フニ足ルト知覚セリ。

ここで注目されるのは、経営面で「利益無シ」とされている点で、富岡製糸場の経営改善が課題となっていく。ウォルスは、富岡製糸場自体の「利益無シ」は、伝習工女たちが「国人ノ製法ヲ錬熟スルニ随テ、漸ク逐テ多ク上品ヲ輸出」する成果をみちびくことになれば、充分「償フニ足ル」ものとなろうと評した。

これに対し、一八七五（明治八）年三月、かつて前橋藩製糸場の設立にかかわり、当時は勧業寮九等出仕であった速水堅曹は、「富岡製糸所現在ノ景況」をまとめ、ウォルスも指摘した経営上の赤字の克服を重視した。「創立以降就業三年ノ後、尚計算立タザレバ、何ヲ以テ人民ヲ勧誘セン」と批判し、器械製糸技術が日本製糸業を改良する意義から、富岡製糸場がけっして「無用」な存在ではないとしながらも、経営改善を提言した。赤字の要因について、速水は、ブリュナが「自己奉職ノ名儀ヲ失ヒザラン事ノミ着眼シ」、フランスでも数年後に一般化するような施設・設備を富岡製糸場で「直行」したことにあったとみた。それが、必要以上の損失を生んでいると指摘したのであった。

速水堅曹

日本政府は、ブリュナと正式に契約をむすんださいの条約書（第十六条）で、「繰糸場ニテ繭糸売買ニ付タル益金」を、年々の総収支を試算して予測し、「建築並ニ器械元価ノ利足（息）一ヶ年ニ付六分、其外日用ノ諸雑費、職人等ノ給金一切ヲ引去リ、全ク相生ズル益金ノ一割」をブリュナに褒賞としてあたえることをきめていた。さらに政府は、条約書をうけて、明治四年に「製糸場取扱方法伺」（前掲、『富岡製糸場誌　上』資料三）で、富岡製糸場の経営を、⑴官営、⑵賃繰り、⑶半官半民の三通りに分け、それぞれの利益を試算していた。いずれの経営形態でも、富岡製糸場が利益を生むことができると想定していた。

しかし、一八七四年の富岡製糸場の経営内容は、五万五二六八円三八銭五厘の赤字となった。それは、日本国内の中等器械製糸所や下等座繰製糸所より、年間生糸生産高の割合が低いから生じたと批判された。赤字を生む要因を、速水堅曹は、⑴繭買入れ値段が高い、⑵工女の出入りがおおく熟練度が不足していたために工女一日の生糸生産高、繭一升からの平均糸目がともにすくなく、屑物がおおくでたことを挙げた。これらは、たとえば生繭を駆け引きなく買収するなどの「官行」の弊害、交通など不便な土地であることによると分析した。

とくに、⑵工女の出入りが著しい原因が、工女管理のきびしさにあると、速水はつぎのように詳述した。

> 始メテ工女ヲ招カントスル時、有志ニ募リ或ハ修業或ハ面々ノ益ト百方尽力説諭ノ上、一ツハ国ノ為、一ツハ身ノ為トシテ入場セシム。
>
> 然ルニ、十五歳前後ノ女子、終日就業ノ間、沈黙勉強、稍々業ヲ終ルハ皆暮ニ及ブ。毎日是ノ如シ。

門外ニ出ントスレバ規則ニ縛セラレ、雑談セントスレバ老女ニ叱責セラレ、実ニ何ノ快楽モ無シ。此故ニ相語テ曰ク、我々斯ノ如キ業ヲ習練シテ何ノ用カアル。嫁シテ後、功ヲ成スモ期ス可ラズ。亦給金モ到底余ス能ハズシテ、唯空シク三年ヲ経ルトモ実ニ無益ナラン。最前誰某ノ説ク所ニ違フ。欺レタリト云フ可シ。断然親ノ病ヒト称シ去ルベシ。
諸君如何。甲乙皆可トス。

このように速水堅曹は、富岡製糸場の工女管理が、伝習工女たちに、入場してから「欺レタリ」とみるにいたる認識—これは、和田英の回想録『富岡日記』にみられる富岡製糸場における製糸技術伝習の意義についての理解とは基本的にちがっていた—をもたしているとしながらも、富岡製糸場設立の主旨による工女管理であり、やむを得ないと指摘した。すなわち、「今日迄業務上ハ教師ノ欧人ニ従ヒ、施行ハ官ノ公論ニ決シ、止ヲ得ザル損失ニシテ、敢テ職員ノ不注意ニ非ラズ」とのべ、政府の富国強兵・殖産興業政策推進に欠かせないプロセスと結論づけ、全体的な経営改善を今後の課題とした。

なお、ジョルジュ・ブスケは、富岡製糸場の工女管理について、すでにのべたように、「五〇〇人の女工が日本人およびヨーロッパ人の婦人監督の下で働いている。これらはきわめて知的な若い娘たちで、器用な繊細な指をもち、蜘蛛の巣でもこわさずにこれから糸を紡ぐことができるかもしれない」と評価し、さらに「この無言の部隊は製糸場に隣接する建物の一棟に住み、老婦人監督の厳しい監督をうけて暮している。[われわれのこの]簡潔な記述において、必要な省略をこれほどしないですむならば、この婦人について特別な肖像を画く価値があるのだが」としるし、「日本人およびヨーロッパ人の婦人監督」のもとで働く伝習工女の姿こそ、富岡製糸場の象徴的あり方と捉えていた。

速水堅曹が富岡製糸場の経営改善を主張したいっぽう、ポール・ブリュナを日本政府が雇い入れたときの仲介役をつとめたエッシェ・リリアンタルは、「生糸製造ノ義ニ付佛国商ヘシトリヱーンタール氏ノ覚書」の一八七五（明治八）年三月二十四日付別冊「日本製糸ニ付覚書」（『農務顛末』第三巻　農林省一九五五年。八七〇〜八七三頁）で、富岡式製糸技術の日本各地への定着・普及のうえでの問題を指摘した。「覚書」は、日本製糸業にかかわる開国以来の蚕種輸出にはじまった歴史を説き、ヨーロッパ製糸業が「蚕疫」による打撃から立ちなおり、平和回復による清国の生糸生産の増大もあって、日本製生糸の価格が国際的に下落している実情に対処する重要性を指摘した。その対処策に、まずつぎの三つの施策を「神速ニ施行スル」ように提言した。

(1)　繭の改良に基づく繰糸法の改革
(2)　養蚕地への器械製糸工場の設置・普及
(3)　輸出生糸の良品と悪品の区別を明確にしなくなっていた生糸改会社の改革

ついで、信州・上州・奥州などの数郡で富岡製糸場の影響もあって、器械製糸業がみられるようになり、すでにフランス・イタリアの製糸業と「頡頏（けっこう）スル」（甲乙がつかない）段階にいたっていると現状を評価し、日本製糸業が数年間で「富栄ノ新源」を得るための方法は、外国の技術をあらたに導入するよりは、国内各地に「桑樹培養」をひろげ、育ってきている日本器械製糸場の改良・普及をはかることで可能となるとする提言であった。具体的には、「諸県へ令シテ実験学校ヲ設ケ、国内此術ニ於テ最高上ノ域ニ進歩セシ地ニ就テ、男女ノ教員ヲ抜擢雇入」れて伝習をおこなうこと、毎年「製糸術博覧会」を開催し、進歩の著しい者へ賞与・章典を授与することを提言した。富岡製糸場式製糸技術を各地に定着・普及させるために、重要な指摘であった。

しかし、実際の富岡製糸場の施設・設備が日本の各地民間の資本・技術の実態と乖離し、直接日本民間で実現できるモデルにできない問題点にも言及した。すなわち、富岡製糸場の設立と伝習工女の養成により、「欧州上等ノ糸ト等シキ品ヲ生ジタレモ、不幸ニシテ、蒸気機械ヲ用ルハ、通常私立ノ工場等ノ得テ、容易ニ倣フベキニ非ラザルガ故ニ、政府ヨリ衆ニ示サレシ標準モ、恐クハ一般ニ衆人ノ是ニ倣フニ至ルハ、猶許多ノ歳月ヲ要スベシ」とみたのであった。

富岡製糸場のフランス製蒸気器械製糸用施設・器具は、日本民間の資本・技術では簡単には導入できないこと、富岡式施設・器具が定着・普及できるまでには、むしろ工部省が東京に開立した製糸場＝工部省勧工寮葵町製糸場（スイス人カスパル・ミューラーによるイタリア式）の方が実用的で、富岡には遠くおよばないものの、日本製で、安くできる施設・器具の普及が役に立つと、つぎのように提案している。

其機関ノ精妙ハ遠ク富岡ノ機関ニハ及バズト雖圧、悉ク日本製ナルヲ以テ、其価ニ至テハ最廉ナルノ益アリテ、衆人容易ニ是ニ倣ヒ得ルニ便ナリ。若シ此ノ形ヲ以テ旧来農家ニ於テ用ユル機械ニ換ヘ得バ、日本糸一層高上ノ位格幷ニ真価ヲ占メ得ベシ。

エッシェ・リリアンタル社は、べつに、繭のなかの蛹を殺す日本風の方法、良繭が蛆のために廃物になることの改善、横浜で輸出用に売り出すさいの生糸の善し悪しの選別のまずさの改善、さらにお雇い外国人一人を顧問におく製糸専売局の設立などが、重要であることも指摘した。

当時、日本の民間製糸場、まして農家の製糸施設は、資本がきわめて弱小であることと工作技術が各種地場産業の技術によって制約されていた。富岡製糸場式蒸気器械製糸に必要な器械・器具をそのまま作成・導入することは不可能で、模造した民間蒸気器械製糸器械・器具も高価なため、きわめて導入が困難であった。

そうした困難な状況を克服した具体例として、わたしは、ヨーロッパ式蒸気器械製糸技術導入の先進地域であった長野県内で、地元の在来技術――大工・鉄砲鍛冶・槍師・陶磁器製作者などによる――を活用し、創意工夫していちはやく蒸気器械製糸器械・器具を模造して長野県埴科郡西條村製糸場（六工社）を設立し、富岡伝習工女の繰糸技術を動員して運営した歴史をあきらかにしてきた。西條村製糸場を中心とする松代地域器械製糸業の創立期から、長野県内にそれが拡がる発展期の諸相をもあきらかにしてきたつもりである（章末の参考文献参照）。

ポール・ブリュナ指導のもとにおける富岡製糸場の設立と一八七四年ころまでの経営は、みてきたように、ジョルジュ・イレェル・ブスケがのべているような、フランス式蒸気器械製糸技術の「全く独創的な修正」をおこなっていたにもかかわらず、日本製糸業の現状と富岡製糸場労働環境とのギャップ、モデル富岡製糸場式蒸気器械製糸技術を日本民間へ定着・普及させるさいにともなう資本・工作技術のレベルとの差異などが存在し、その克服が不可欠の課題とされたのであった。

なお、富岡製糸場の経営上の損失について、ブスケは日本側の対応にその要因をみていた。ブリュナの計画と指導にもとづき、「三〇〇基の鍋をもつ製糸所が建てられ、そこから良質の製品が得られた。しかし政府は自分に対して与えられた勧告に従わなかったために毎年大きい損失を蒙った。そのことは富岡の製品がリヨンでフランスの良質の絹と同じ値がつけられたことによる満足位では充分に埋合せのつくものではない」と――「勧告」の内容にはふれていないが――いい切っている。そして、日本政府の工部省が江戸（東京）や地方で一八六人のヨーロッパ人を雇い、官営の各種工業施設や産業実習校をもうけておこなった殖産興業政策は、「大きな努力と巨額の支出がなされたにも拘らず、今日までのところ生産の一般条件を目に見えるほど改善したわけではない。これらの事業は、虚栄心に操られ、不生産的にとどまり、そこに投ぜられた資本の百分の一をも償わなかった」と、お雇い外国人招請にまで一般化して批判した。

日本の官営近代化改善事業で、もっとも基本的で必要不可欠なものが政策から落ちているとし、それは道路＝流通網の整備であると指摘した（前掲『ブスケ日本見聞記2　フランス人の見た明治初年の日本』七五〇～七五二頁）。

ブリュナによる富岡製糸場経営改善の努力

ポール・ブリュナは、富岡製糸場への同時代評価や批判を、どううけとめたのであろうか。一八七五（明治八）年十二月末日までの契約任期いっぱい、富岡製糸場の経営改善に努力したようすは、一八七六年度の『内務省第一回年報』のなかの「明治八年度ノ営業概要」にうかがえる。それは、明治五年十月四日（西暦一八七二年十一月四日）に繰糸をはじめて以降、伝習工女がおよそ二〇〇〇人にのぼったこと、工女と労働環境とのギャップ（速水堅曹の指摘）の改善につとめたことをしるし、とくに後者について、つぎのように特記した。

工女養成方ハ、凡五百余ヲ要セシ所、創業ヨリ二年間許ハ雇入ヲ願フ者鮮ナク、其招募ニ応ズル者モ亦多クハ年期ヲ約スルヲ欲セザルガ為メ、出入織ルガ如ク、実ニ本場事務ノ一雑事タリシニ、習慣ノ久シキ出頭ノ者漸次有レ之ニ付、七年ノ秋ヨリ雇期ヲ定メテ三年ヨリ五年トシ、八年ノ冬ヨリ暇日ニハ遊観ヲ許シテ其欝抑ノ気ヲ舒暢セシメ、本年（明治九）ノ春ヨリ近傍地方ノ者ハ通勤スルヲ許セシニ、其便ヲ知リテ入場スル者稍多ク、更ニ縫針・筆算・読書等ノ芸術ヲ講習スルノ法ヲ立テ、其心志ヲ固フス。

一八七三（明治六）年四月二日に富岡製糸場に入場した長野県松代伝習工女横田英は、工女たちの健康への配慮から、フランス人医師の発案で七三年夏に夕涼みが立案され、夕方より夜八時半から九時ころまで広庭で盆踊りなどがおこなわれたこと、上野国一ノ宮貫前神社などでの花見、休日の一ノ宮参詣などもおこなわれたこと回想している（前掲、和田英『定本　富岡日記』）。

横田英は、一八七四年七月六日に富岡製糸場をしりぞき故郷に帰国しているので、「明治八年ノ営業概要」があらたに実施するとした「暇日ノ遊観」が、七三年、七四年にすでにあったのである。したがって、一八七五年の冬より「暇日ニハ遊観ヲ許シ」たのは、恒常的位置づけをすすめ、よりおおくして実施したという意味になろう。

ブリュナは、一八七五年十二月三十一日に契約の満期までつとめたので、退場・帰国間際には「暇日ノ遊観」をいっそう重視して位置づけ、ブリュナの退場後の一八七六年春からは近傍居住者の通勤制工女を採用し、「縫針・筆算・読書等ノ芸術ヲ講習スルノ法」を実施したことになる。

また、ブリュナの首長最終年であった一八七五年度の営業概要は、ブリュナの富岡製糸場経営で最大の便益を得たことは、(1)「仏国器械ヲ用テ良好無比ノ生糸ヲ得ル」ことになったこと、(2)「繭ヲ日ニ晒ス事無ク、蒸燥ノ二方ヲ施コシ之ヲ貯フレバ、蛆蛾ノ出ル害ナクシテ其（注：生糸）光沢ヲ失ハザル」ようになったことの二点によったとし、「全国製糸人ノ仰望シテ模倣スル処トナレリ」と総合的評価をおこなった。

もっとも、おなじ営業概要は、明治五年十月開業から一八七五年六月にいたる二年八か月の富岡製糸場定額経費が一三万四七五五円五〇銭・洋銀三万一九四〇枚かかったのに、収益は二万四三〇七円五七銭（一八・〇パーセント）であったこと、したがって、差引一一万三一六七円九四銭五厘（二一万〇四四七円九三銭カ）・洋銀三万一九四〇枚の不足が生じたと指摘した。この不足がおこった要因については、さきにみた速水堅曹の指摘とほぼおなじく、つぎの四点が挙げられた。

(1) はじめの見込書で、精熟の工女のみを基準に生糸生産高を予測したために生じたギャップ

(2) 工女がほとんど新募の未熟であるため、繰糸のさいに屑糸をおおく出し、雇入れ一か年は「総テ半業ノ者」ばかりであったこと

(3) 繭の買上げと、年々低下する売価の生糸の売りあげに、おおくの齟齬が生じたこと

(4) 富岡製糸場の運営が「百事試験ニ類シ、冗費（注：お雇い外国人の人件費などをさした）多々ナリシ」こと

この四つの要因は、富岡製糸場が官営模範工場の性格から実際上止むを得ないことで、「断ジテ器械ノ便ナラザルト方法ノ宜シカラザル」ことによるのではなく、新規の大業をおこす場合に必然的にともなうものとされた。事実、ブリュナなど外国人が去ったため、一八七六（明治九）年度の富岡製糸場の営業概要は、支出経費の二〇パーセント（人件費）が減少するいっぽう、原料繭購入費と生糸の売価が「大略相持シテ利益幾倍ヲ益シ、殆ンド得失償フニ至ル」経営内容に好転した。数字でしめすと、一八七六年度の支出諸経費一八万二八四一円四八銭一厘、益金五万二六四六円八九銭二厘（二八・八パーセント）・洋銀

五万一四三七・四三枚、一八七七年度の支出総経費一八万八二〇八円九四銭、収入二九万〇八六六円三六銭、益金一〇万二六五七円四二銭（五四・五パーセント）と、益が増加した（『内務省第二回年報』［明治一〇年］、『内務省第三回年報』［明治一一年］）。

このように、富岡製糸場の経営内容改善の方針は、ブリュナが批判の内容を吟味し、在職中に打ち出した方針にそったものであり、ブリュナはじめフランス人の帰国による、人件費支出削減が重要な要因となったといえよう。

日本政府によるブリュナへの職務放免問題と解消

富岡製糸場の経営改善を指摘する論調がつよまるなか、日本政府は、一八七四年七月八日、内務卿大久保利通が、太政大臣三條実美宛に「富岡製糸場首長ブリュナ并医師職務放免之儀ニ付申牒」（『公文録』国立公文書館蔵）をだし、任期満了をまたずブリュナとフランス人医師の放免を申しでた。同年八月十三日には、いったんブリュナたちの「職務放免」の決定をみるにいたった。その理由は、富岡製糸場の創業以来の意義を高く評価しつつも、経営費用の節約のためで、つぎのようなものであった（句読点は上條）。

上州富岡製糸場之儀者、明治五年開業以来上好之生糸ヲ製出シ、其品位ハ坤輿中第二等ヲ降ラザル之公評ヲ得候程ニテ、皇国物産之声価ヲ進メ、其開業之効験者虚カラス候得共、此迄場中之費用兎角ニ相嵩ミ、剰へ職工之欠員多ク、生繭購集方充分ニ行届兼候辺ヨリ、或ハ間断無キ能ハスシテ、未タ器械之全力ヲ尽シ得ス。此ヲ以テ其所得失ヲ償ハス。

素ヨリ、勧奨之御主意ヲ以テ御創業相成候儀ニテ、強チ目前之利益ヲ計較候筈ニ者無之候共、職工感動之儀者専ラ其得失、計算上ヨリ起リ候儀ニ付、充分費用節約イタシ、勧誘之御主意全ク相立度、猶現今之景状ヲ以テ、将来之得失ヲ審案熟思候処、断然虚飾之空論ヲ措キ、実務ノ現業ヲ先キニシ、不急之費用ヲ節省致候儀肝要之所分ニ候得共、御雇首長仏人ブリュナ在職候而者、諸費節省之見込相立候共、彼是紛紜（ふんうん）之事情モ有之、仮令一時其説ヲ論破候共、到底彼ヲシテ他日其責ヲ遁ルルノ口実トナサシムルノ外ナラズ。

将同人義者、開業以来今日迄者実ニ必須之人物ニテ、場中諸務概子（おおむね）同人之意指ニ出候儀ニハ候得共、既ニ当方場所詰官員其外共、漸次其事務ニ慣熟致シ候ヨリ、向後争（あなが）チ同人之指揮ニ依頼不致候共、実際支吾（しご）無之哉ニ存候ニ付而者、同人御雇入約定書中第十七条之趣旨ニ拠リ、我政府之都合ヲ名トシ、即今職務放免之儀申達シ、給料ハ同条記載之通満期、即チ来明治八年十二月迄之分（雇入年限ハ千八百七十一年第一月ヨリ同七十五年第十二月迄五ヶ年）給与致シ、且創業以来尽力之廉ヲ以、相当之御賞金下賜候様致シ度、将又場中医師之儀モ、兼テブリュナ請求之次第モ有之、一時権宜之約定ヲ以テ、右雇入方ブリュナ江相任セ置、同人放免之節者、右医師モ同様相断可申筈ニ付、此亦今般一同ニ放免申達存候。

御許可ヲ蒙リ候上ハ、速ニブリュナ氏呼寄、篤ト談示ヲ遂候上、一時可相渡金額取調、御出方等之儀可申上候。

仍而御照考之為、別冊約定書写添、此段具上候也。
明治七年七月八日
内務卿　大久保利通
太政大臣　三條實美　殿

ブリュナは、富岡製糸場開業以来「必須之人物」であったが、富岡製糸場の経営＝「実務ノ現業」を優先して「不急之費用ヲ節省」することにしたこと、富岡製糸場詰の官員などが、もうブリュナの指揮によらなくとも運営ができるよう、事務に慣れ成熟したという主旨であった。

しかし、ブリュナに職務放免を説得することの困難さ──「諸費節省之見込相立候共、彼是紛紜之事情モ有レ之」云々──をうかがわせる文面がはさまれていた。

大久保内務卿の提言で、ブリュナとフランス人医師の職務放免を左院で討議したところ、不都合がないと結論づけた。しかし、一八七四（明治七）年十一月中に内務省へブリュナを呼出して職務放免をつたえたところ、ブリュナを説得できず、結局契約任期いっぱい雇用を継続することとなった。

その間の事情は、一八七五年二月二十三日の「内務省上申」（前掲、『公文録』）に、つぎのようにしるされている。

昨七年十一月中、富岡表へ相達ブリュナ呼出候上、前書御指揮（注：職務放免の決定）ノ趣ヲ以、富岡開業已来数年ノ間兎角ニ費用ノミ相嵩ミ、其所得所失ヲ不償、目今ノ景況ニテハ、毎年損失ノミニテ充分利益ノ目途モ無之候間、約定書第二十一条ノ如ク解約可致筈及懇話候処、原来(元来カ)右製糸場損失ノ儀ニ付テハ、同人於テモ種々見込モ有之、且今日ノ形状ニ立至リ候所由及ビ爾後改革ノ儀トモ所見ノ趣及縷述候間、右中立ノ趣ヲモ勘弁致シ候処、或ハ見込ノ趣尤ニ相聞候廉モ有之、漸次事業ノ進歩ニ随ヒ、又ハ経験上ニ於テモ更正ヲ要シ候儀モ有之、何分今俄ニ条約第二十一条ヲ根拠トシ、断然放免致シ難キ事情ニ有之候間、同場事務改正ノ儀ハ、更ニ審按熟考ノ上適宜ニ措置シ、逐次盛挙ノ見込相立候積有之候。

ブリュナが、富岡製糸場の損失を視野に入れ、損失にいたった要因や今後の改革の方向も申し立てた内容から、富岡製糸場の事業に進歩がみられ、ブリュナの経験からも「更正」＝「盛挙ノ見込」があるとして、職務放免できないとしたのであった。

ブリュナが、内務省関係者を説得する論拠や具体案をもっていたのであった。なお、フランス人医師は富岡製糸場に二人いたが、マイエは一八七四(明治七)年五月十五日に富岡製糸場から去っていて、ヴィグル医師がブリュナとともに、任期満了までつとめることとなった。

結局、ブリュナの任期途中で職務放免することはとりやめとなった。ブリュナは、一八七五年十二月三十一日まで富岡製糸場首長をつとめ、満期退場となる。そのさい、つぎのように、五か年間の富岡製糸場創立・運営、富岡式生糸製造の一般への勧奨の功績を評価され、大久保利通内務卿の名で、手当金四〇〇〇円の支給が三條太政大臣の決裁をへて実施された。

富岡製糸場御雇人ポール・ブリュナ満期ニ付御手当金被下之義御届

当省御雇仏人ポール・ブリュナ義、製糸場開創ノ為メ上州富岡ニ在勤、距ル明治三年ヨリ昨八年満期迄五ヶ年間励精奉務、右場成業致、一般生糸製造之者其方法ヲ準則トシ、勧奨之御趣旨ヲ感戴スルニ至レリ。其効績(ママ)不尠ニ付、明治七年第五拾弐号御達ニ照拠シ、手当トシテ金四百円給与取計申候。

仍此段御届候也。

明治九年二月廿八日　　内務卿　大久保利通

太政大臣　三條實美　殿

ポール・ブリュナは、富岡製糸場首長の任期満了とともに、お雇い外国人の任を終え、日本から離れ、中国上海で製糸業の指導にあたることとなった。

四　ポール・ブリュナ解職後の富岡製糸場の運営とフランス人の動向

富岡製糸場長尾高惇忠のブリュナ批判

ポール・ブリュナの首長解雇に熱心な一人に富岡製糸場長尾高惇忠がいた。

尾高惇忠は、同場の経営改善をはかるために取組んだ。自伝といってよい『藍香翁』にそのようすが書かれている。

尾高は、ブリュナの赤字経営の要因に燃料石炭の代価・運賃が高いことがあるとみ、ブリュナの反対を押し切り、高崎近傍の地から石炭（褐色で質は「下等」）を採掘し供給する方法を実施した。「教師（注：ブリュナ）等の反対あるにも拘らず、翁（注：尾高）は採掘の議を決し、新道を開き、車輌を通じ、此炭を以て彼の燃料に換」えた。

尾高惇忠

しかし、これは経営の抜本的改善とならなかった。そこで尾高は、人件費削減のための「お雇教師の解傭」を主張した。解傭に慎重な意見は、「今や折角に名声を博し得たる富岡の製糸を、この解傭のために評価を損じて売行を鈍らさむ事も無念なり。されば教師の給料の貴き、其の余二三の不利益あらむも、其は我が土台の定着(さだまる)迄の資本入として、姑(しば)らく目を瞑るべし」と主張した。これに、尾高は「弟子は必らずいつか一度は師匠の手を離れざるべからず。然も之れを離れて事を為すは弟子自身の勇気を増すもの」で、そうした「進歩の階梯」をへて「国民福利」が生まれると反論した。

尾高の富岡製糸場経営をブリュナなどの解雇で改善しようとした意見が、内務卿大久保利通の承認を得て三條実美太政大臣に上申され、左院の審議・承認となったが、結局実現しなかった経緯は、すでにみた。

富岡製糸場を仕事終了・任期途中で退場したフランス人

富岡製糸場に雇われたフランス人には、ブリュナが明治五（一八七二）年二月、富岡製糸場用の器械・器具を購入してフランスから再来日したとき引率してきた男女のフランス人がいた。つぎのなかの女工師四人で、ブリュナとエッシェ・リリアンタル商会が一八七一年十月十日に、一八七二年一月一日～七五年十二月三十一日の四年任期で契約をむすんであった。

検査役　シュスタン・ベラン（ジウスタン・ベルラン　Justin　Bellen）
　　　　イーゼル州シャポン出身
同　　　ポール・プラー（ポール・プラット　Paul　Prat）
　　　　アルデシウ州アルシアンチェル出身
女工師　クロラント・ウィルフォール（コロラント・ウヰヱルフォール　Clorinde　Vielfaure）
　　　　マリー・シャレー（Marie　Charay）
　　　　ルイス・モニエル（ルウォー・モニエル　Louise　Monier）
　　　　アレキサンドリーヌ・ヴァラン（アレキサントリン・ワラン　Alexandrine　Vallennt）

富岡製糸場に関係したフランス人総勢一二人については、『富岡製糸場誌』所収の公文書で月給・賄料がわかる。ブリュナには家族・従者あわせて四人がいた。その月給・賄料は一弗＝一円で、つぎのよ

富岡製糸場お雇いフランス人ブリュナ一行　明治５年　前列　女工師四人　和服は吉田通訳　後列　右より左へ　製糸事業技師柱に寄りかかるブリュナ　医師マイー　建築技師バスチャン　繰糸事業技師　銅工シャトロン　客人とその従者　ブリュナの「婢」（片倉工業寄託資料）（画像提供　富岡市）

うに全体に高額であった（前掲『富岡製糸場誌　上』所収　二一九頁、二四五頁）。

職	氏名	月給	賄料
首長	ブリュナ	月給六〇〇弗	賄料一五〇円
検査役	ベラン	一五〇弗	六六円
同	プラー	一〇〇弗	同断
機械方	レスコー	同断	同断
銅工	シャトロン	同断	同断
土木絵図師	バスチャン	一二五弗	同断
女工師	ヒエホール	八〇弗	五六円
同	モニエー	六五弗	同断
同	シャレー	五〇弗	同断
同	バラン	同断	同断
医師	マイー	二二五弗	
同	ビタール	同断	

この一二人のうち、まず、バスチャンが明治五（一八七二）年八月二十五日に帰国した。

バスチャンは、一八六六年二月四日、横須賀に来着、横須賀製鉄所の測量工事に着手した。造船兼製図職工エドモンド・ヲーギスト・バスチャンは、慶應元年十二月三日（西暦一八六六年一月十九日）雇入れ、月給七五弗、前任はシェルプール造船所の船工であった。製鉄所勤務は一八七〇年一月十九日が満期で、そのとき三十一歳三か月。以後は月雇となり月俸九〇弗。富岡製糸場の建設に就いたのは、ブリュナの推挙によったという。一八七〇年十二月二十六日には富岡製糸場建物群の図面を完成し、製糸場の任期を終えて横須賀に帰着したのが一八七二年七月二十三日。ついで、造船寮からの解雇と帰国を希望して旅費の支給をうけ、八月二十五日に帰国したという（前掲『富岡製糸場誌　上』二四八頁、二四五頁）。

器械方職人レスコーは、器械の据え付けがおわり、航海旅費の支給をえて明治五年十一月二十六日に富岡を出立し、バスチャンにつぎ帰国した。銅工職のシャトロンは、諸器械の据え付け、そののちの模様替えがすみ、一八七三（明治六）年十一月二十日に航海旅費などを得て富岡を出立し、帰国した。

女工師マリー・シャレーは病気になり、一八七三年八月ころはたいへん重く「危難」にあったが、やや快方に向かった十月二十三日に、三か月分給料を「恩賜」としてうけ、十月二十三日に富岡を出立し、フランスに帰った（同前一九五頁）。翌七四（明治七）年四月には、ヒエホールとモニエルは病気のため、バランは健康であったが一人でのこることを嫌ったため、いっしょに三人で帰国した（三か月分給料と帰国旅費支給　前掲『富岡製糸場誌　上』一九七頁）。松代伝習工女の横田英たちの入場中に、フランス人女工師はすべて帰国したのであった。繰糸技術は、日本人女性の指導で伝習できる段階に、比較的はやく達したのであった。

医師の二人は、マイーが一八七四年五月十五日に帰国し、雇い替えでビタール（異名ジャンポール・イジドール）が就任した。フランスヲード川の近くの「サールシュルシール州」出身、四十四歳。月給の日本金貨二二五円が、ブリュナを通して支給された（同前二一四頁）。

検査役の「ベラン」と「プラー」は、富岡製糸場に入場してから、ブリュナの許可を得ずに横浜表へ出かけ、いったん立ち戻ったのち、「両人共、居館（注：富岡製糸場）粗悪ニ付、病ヲ受候ニ至リ候」とブリュナに告げ、一八七四年五月十二日に雇用を解かれ、富岡製糸場を去った（明治七年五月十二日「富岡製糸場雇仏人ジェスタン・ペラン、エ・ペ・プラー両人、条約ニ違フト云フヲ以テ雇ヲ止メ給料・旅費ヲ給ス」『公文録』）。

ベランとプラーは、ただちにはフランスに帰らず、一八七四年八月二十九日付『東京日日新聞』に自分たちの技術売込みの広告をだした。それには、「富岡製糸場は日本風之方法にて器械等便利悪く候。吾等現今欧州に行はれ候良器械を用ひ、入費を省き、右製糸場設立可仕候。器械・絵図並に見積書も有之候」とあった。ブリュナのフランス式蒸気器械製糸技術の日本移転にさいして「日本風之方法」に配慮し努力した意義を、ベランたちは評価できなかったのであった。

ベランは検査役として、一八七三年六月二十一日に火災で焼失した原料繭のフランス式乾燥所（燥繭所）の指導を担当するなど、富岡製糸場諸施設のうち「日本風之方法」の色彩の濃い建物に居住した。それも、ブリュナ批判の根拠になった可能性が考えられる。燥繭場は、武州播羅郡明戸村の農民韮塚直次郎の土蔵を転用し、ブリュナはイタリア式を導入していたので、これもペランに違和感をあたえたことも考えられる。

いずれにしても、日本の現状を勘案した技術移転への理解が、ベランにはなかったのである。

おわりに

ポール・ブリュナの富岡製糸場の設立・運営にはたした役割は、ジウスタン・ベランと尾高惇忠の富岡製糸場への対し方の中間にあったといってよい。

尾高惇忠はナショナリストであり、「国益」重視型であった。もっとも、松代から富岡式蒸気器械製糸技術を学ぶために入場した工男で、長野県埴科郡西條村製糸場の蒸気器械製糸技術の具体化を主導した海沼房太郎は、尾高から教えられた「糸力繋国家」を、長野県内で蒸気器械製糸場を普及させる理念として大切にした（前掲、上條宏之『絹ひとすじの青春』一七七頁）。製糸がインターナショナルな性格をもつ産業であることを確信していたのであった。

いっぽう、ジウスタン・ベランは、富岡製糸場でブリュナの創意工夫の結果を見聞したが、自分がかかわっていた「フランス式技術」優先型から出なかった。これに対し、ポール・ブリュナには、各国製糸技術を比較検討する力量があった。製糸業が、各地の自然条件・在来技術と不可分で成り立っていることを理解していた。これは、富岡製糸場を満期退場したのちの中国上海での対応では、どうであっただろうか。つぎのような上海での活動記録が、はやくから知られていた（前掲、藤本実也『富岡製糸所史』三五頁）。

同（注：明治）八年任期満ちて帰国の途次、上海に滞在し、同十一年上海に宝昌糸廠（注：当時は旗昌糸廠）を設立したるが、一旦帰国の後、同十七年上海の米商人ラスセル商会（注：旗昌洋行）の聘に応じ、生糸購買の衝に当り、又同商会の為に六百六十釜の伊太利式建設し、亜いで八百人繰の製糸場を興したるが、同二十三年同商会の破産により是等の製糸場を尽く引受けたるも、他の製糸場との競争の弊甚しき為、機敏にも早く支那人に譲渡し、単に欧洲向生糸の仲買商を営んだ。

このポール・ブリュナの上海での働きについて、近年に考察した清川雪彦は、富岡製糸場におけるブリュナの富岡式製糸技術に「日本風之方法」を採用した対応に、ブリュナがみずから主体的におこなったものではなかったのではないか、と疑念を提出している（清川雪彦『近代製糸技術とアジア　技術導入の比較経済史』名古屋大学出版会　二〇〇九年。一一五、一一八〜一二〇頁）。

清川は、日本からフランスへの帰途、上海で旗昌糸廠のケンネル式装置による大枠・直繰式、繰糸工二人・煮繭工一人のイタリア式煮繰分業式製糸場を設立したことから、富岡での対応とに矛盾があると指摘した。ブリュナがいったんフランスに帰ったのち、さらにラッセル商会の招きでふたたび上海にきて、大規模のイタリア式製糸工場の建設、李鴻章のもとめに応じた中国蚕糸業改革―微粒子病による中国各地の汚染状況と対策について―の提言書をまとめるなどした。一八九一年には、ラッセル商会＝旗昌洋行の倒産のさいの旗昌糸廠を買い取り、八五〇釜の宝昌糸廠として拡張・再編成などをしたブリュナの製糸経営者としての役割を評価しているが、ブリュナは「意外にヨーロッパの正統典型的技術に固執し、アジアの自然条件や農村社会に適合的な技術へと再編改良する意思は弱かったように思われる」とみているのである（同前　一一九頁）。

湿気のおおい上海で大枠・直繰式を採用したことなどは、ブリュナの富岡での生糸再繰式などの対応が、日本がわからの提案を受け入れたものではなかったかと、清川は疑義をのべているのである。

しかしわたしは、みてきた経緯から、富岡製糸場においてブリュナが実現させた富岡式蒸気器械製糸技術を創りあげた対応は、日本の風土・在来技術に配慮してヨーロッパ文明の移植をおこなうという、技術移転の有り方の基本を理解したものであったとみている。上海でのブリュナのイタリア式および生糸の大枠直繰式の採用は、上海での諸条件との関連で解明されるべき問題であろう。

ポール・ブリュナ晩年の家　パリ16区の丘の上にあり、パリでも資産家が住む地域にある（画像提供　富岡市）

ポール・ブリュナの墓　作曲家でオルガン奏者の妻の父の墓に眠る（画像提供　富岡市）

一九〇六（明治三十九）年二月、家族をともなって六十五歳で日本を訪れたブリュナは、「懐旧の情緒を遣るべく富岡製糸場を訪れ、爾来三十年を経て、其の進歩発達の顕著なるに驚嘆すると共に、真に今昔の感に堪えざるものの如く、俯仰徘徊去る能はざる有様であったと謂はれる」（前掲、藤本実也『富岡製糸所史』三五頁）。

一九〇七年一月、大日本蚕糸会が、その功績を賞して名誉金牌を授け表彰したことは、この書の冒頭で触れた。翌年に帰国したポール・ブリュナは、一家でパリ一六区のエミール・オージェ大通り四八番地に定住した。パリのなかでも一、二をあらそう高級住宅地で晩年をおくったブリュナは、一九〇八年五月七日に逝去した（享年六十七）。葬儀はノートルダム・ド・グラース・ド・パッシー教会で執りおこなわれた。そして、すでに触れたように作曲家でオルガン奏者であった妻の父の墓に埋葬された。

［おもな参考文献］

富岡製糸場誌編さん委員会編『富岡製糸場誌』上下　富岡市教育委員会　一九七七年

富岡史編纂委員会編　編纂嘱託加藤安雄稿『富岡史』富岡市役所　一九五五年

富岡市市史編さん委員会編『富岡市史　近代・現代資料編』上　富岡市　一九八八年

富岡市教育委員会編集・発行『富岡製糸場総合研究センター報告書　富岡製糸場のお雇い外国人に関する調査報告―特に首長ポール・ブリュナの事績に視点を当てて―［中間報告］』二〇一〇年

土屋喬雄編集代表『松浦譲全集』第三巻、第四巻、第五巻　杉浦譲全集刊行会　一九七八、七九年

藤本実也『富岡製糸所史』片倉製糸紡績株式会社　一九四三年
鈴木三郎『絵で見る製糸法の展開』日産自動車株式会社繊維機械部　一九七一年
富田仁「フランス式製糸を伝えたポール・ブリューナ」中川浩一編著『産業遺跡を歩く　北関東の産業考古学』産業技術センター　一九七八年
和田英著・上條宏之解説『富岡日記　富岡入場略記・六工社創立記』東京法令出版株式会社　一九六五年
上條宏之『絹ひとすじの青春　『富岡日記』にみる日本の近代』日本放送出版協会　一九七八年
和田英著・上條宏之校訂・解題『定本　富岡日記』創樹社　一九七六年
上條宏之『民衆的近代の軌跡』銀河書房　一九八一年
上條宏之「富岡式蒸気器械製糸技術を地域移転した長野県西條村製糸場　指導的役割を果たした横田数馬・大里忠一郎・海沼房太郎を中心に」『信濃』第六九巻第一〇号、第一一号　二〇一七年
上條宏之『民衆史再耕　『富岡日記』の誕生　富岡製糸場と松代工女たち』龍鳳書房　二〇二一年

※この論考は、永原慶二・山口啓二代表編『講座・日本技術の社会史　別巻2　人物篇　近代』（日本評論社一九八六年）に発表した上條宏之「ポール・ブリュナ　器械製糸技術の独創的移植者」に、その後の研究を参照し、訂正・加筆したものである。しかし、基本的論旨に変更はない。

あとがき

ブックレットとよばれる形式で、これまで単独の著書としてわたしが出版してもらったのは、三冊だけである。村自治体が発行するブックレトで二冊、地域出版社といってよい長野市の龍鳳書房で発行してきている龍鳳ブックレットで一冊であった。もっとも、共著や編集にわたしがかかわったブックレットは、数おおい。

ブックレットという形式の出版を、わたしは読者として愛好してきている。わたしの世代は、内容の豊かな活字文化への信頼度が高い。文庫や新書には、少年期から馴染んできたが、地域に根ざした内容の書物は、ただちには求めにくい。

ブックレットには、自治体や地域出版社からだされているものもおおく、身の回りの自然や文化、歴史を知るのに好都合なテキストとして、身近な事象の探索に有効である。

地域文化に出版文化・活字文化のもつ意義は大きいと考えるわたしは、ブックレットが、手に入れやすく、また扱いやすく読みやすい形態であるので、書物離れがすすんでいる現在も、活字文化とともに、地域文化の継続・拡がりに貢献してくれているようにおもう。

このポール・ブリュナにかかわるブックレットは、これまでのわたしがブックレットで出した書物とは、やや性格や内容が異なる。フランスの日本歴史に関心のある人にも読んでもらえれば嬉しいし、日本人だけでなく富岡製糸場に関心をもち訪れる人にも読んでもらえたら、といった想いをいだいて書いた内容である。

国際交流、民際交流がさかんな昨今、この龍鳳ブックレトの一冊が、日本以外の、いろいろな人びととの知的交流に寄与してくれれば、といったわたしの夢を具体化して発行される。編集・出版に真摯に取組んでいる龍鳳書房の酒井春人さんに、わたしの夢を託した書物の門出である。

二〇二一年五月十二日

コロナ禍で人びとの交流が疎外されているさなか

自然豊かな松本市和田の自宅でフランス・リヨンの現在を想像しながら

上條宏之

上條宏之（かみじょう・ひろゆき）

1936年生まれ。
信州大学名誉教授　長野県短期大学名誉教授
現在、信濃民権研究所を個人で運営し執筆活動中、窪田空穂記念館運営委員会委員長

この書と関連する著書・論文
上條宏之解説『富岡日記　富岡入場略記・六工社創立記』東京法令出版株式会社　1965年／上條宏之校訂･解題『定本　富岡日記』創樹社　1976年／『絹ひとすじの青春　『富岡日記』にみる日本の近代』日本放送出版協会　1978年／『民衆的近代の軌跡　地域民衆史ノート2』銀河書房　1981年／「『富岡日記』の成立をめぐって　執筆の動機と「長野県工場課本」について」『信濃教育　特集・和田英』第1032号　1972年／「新資料『富岡日記』続稿　西条村製糸場（六工社）　第二年目開業」「和田英略年譜」同前／「ポール・ブリューナ　器械製糸技術の独創的移植者」代表編者永原慶二･山口啓二『講座・日本技術の社会史　別巻2　人物編　近代』日本評論社　1986年／「横田九郎左衛門の日記」『松代　真田と歴史と文化　横田邸復元特集』第6号　1993年／「官営富岡製糸場における原料繭の扱いと信濃国内原料繭の購入」『信濃』第69号第2巻　2017年／「富岡式蒸気器械製糸技術を地域移転した長野県西條村製糸場」『信濃』第69巻第10号・第11号　2017年／民衆史再耕シリーズ『『富岡日記』の誕生　富岡製糸場と松代工女たち』龍鳳書房　2021年

富岡製糸場首長ポール・ブリュナ
フランス式蒸気器械製糸技術の独創的移植者

二〇二一年六月六日　第一刷発行

著　者　上條宏之
発行者　酒井春人
発行所　有限会社龍鳳書房
〒381-2243
長野市稲里一—五—一北沢ビル1F
電話　〇二六（二八五）九七〇一
印刷
製本　有限会社山本マイクロシステムセンター

ISBN978-4-947697-67-7
C0021